Marc Schneider

Umbau des Vakuumsystems eines Kolbenmanometers zum Erreichen kürzerer Zykluszeiten und geringerer Wärmebelastung

GRIN Verlag

Bibliografische Information der Deutschen Nationalbibliothek:

Die Deutsche Bibliothek verzeichnet diese Publikation in der Deutschen Nationalbibliografie; detaillierte bibliografische Daten sind im Internet über http://dnb.d-nb.de/ abrufbar.

Impressum:

Druck und Bindung: Books on Demand GmbH, Norderstedt Germany
ISBN: 978-3-640-21944-5

Dieses Buch bei GRIN:

http://www.grin.com/de/e-book/118617/umbau-des-vakuumsystems-eines-kolben-manometers-zum-erreichen-kuerzerer

Diplomarbeit

des Fachbereiches Maschinenbau, Mikrotechnik,
Energie- und Wärmetechnik

Umbau des Vakuumsystems eines Kolbenmanometers zum Erreichen kürzerer Zykluszeiten und geringerer Wärmebelastung

von
Marc Schneider

Fachbereich Mathematik,
Naturwissenschaften, Informatik

Fachbereich Maschinenbau, Mikrotechnik,
Energie- und Wärmetechnik

Gießen, im Januar 2006

Inhaltsverzeichnis

1. Einleitung und Problemstellung 1

2. Vakuumtechnische Grundlagen 3

Druck 3

Zustand der Gase 3

Zustandsgrößen und Mengengrößen 3

Zustandsgleichung idealer Gase 4

2.3 Sorption, Diffusion und Permeation 5

2.4 Vakuum und Vakuumphysik 6

2.5 Vakuumpumpen 7

2.6 Vakuummesung 9

3. Ist-Zustand 12

3.1 Bisherige Verbesserungen 12

3.2 Aufbau der Anlage 12

3.2.1 Kolbenmanometer 12

3.2.2 Drehschieberpumpe und Wälzkolbenpumpe 15

3.2.3 Druckmessgerät und Durchflussmessgerät 16

3.2.4 Messdom 18

3.2.5 Rohrleitungssystem 18

3.3 Auspumpkurven 20

3.4 Saugvermögen und Leitwert 22

4. Veränderungen an der Anlage 26

4.1 Konstruktive Veränderungen am Kolbenmanometer 26

4.1.1 Dichtungssitz des Elektromotorengehäuses 27

4.1.2 Verlegung des E-Motors aus dem Glockenvolumen heraus 28

4.1.3 Bearbeitung der Ringfläche der Vakuumglocke 30

4.1.4 Permanentlauf der Drehschieberpumpe.. 31
4.1.5 Verrohrung des Kolbenmanometers.. 32

4.2 Verlegung des Kolbenmanometer und der Vakuumpumpen.................. 33

5. Zusammenfassung.. 35

6. Ausblick... 36

Anhang

1. Literaturverzeichnis..A1
2. Abbildungsverzeichnis...A2
3. Diagrammverzeichnis...A4
4. Werkstattskizze Abdichtung des Elektromotorgehäuses...........................A5
5. Werkstattskizze Verlegung des Elektromotors...A6
6. Messprogramm Auspumpkurven und Saugvermögen..................................A7
7. Übersicht über die Bauformen der Vakuumpumpen...................................A8
8. Diagramme Gasabgabestromdichte und Permeationskonstanten..................A9

1. Einleitung und Problemstellung

Im Rahmen meiner Diplomarbeit im Studiengang Maschinenbau am Fachbereich Maschinenbau, Mikrotechnik, Energie- und Wärmetechnik an der Fachhochschule Giessen-Friedberg soll eine Anlage zum Kalibrieren von Druckmessgeräten verbessert werden.

Diese Anlage besteht im Prinzip aus einem Drehkolbenmanometer, oftmals auch als Druckwaage bezeichnet, den zugehörigen Vakuumpumpen und einem Rohrleitungssystem, um die zu kalibrierenden Messgeräte anzuschließen.
Im Kalibrierbetrieb wird ein häufiges erneutes Evakuieren der Vakuumglocke erforderlich, um die verschiedenen Massestücke, welche auf das Zylinder-Kolben-System innerhalb der Glocke aufgesetzt werden, auszutauschen.

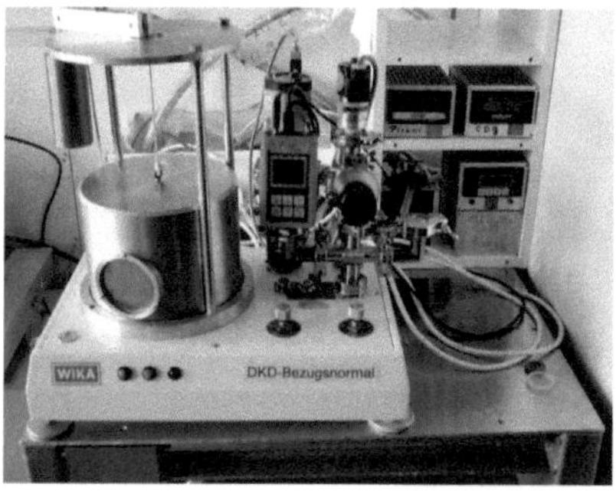

Bild 1: Kolbenmanometer-Messstand

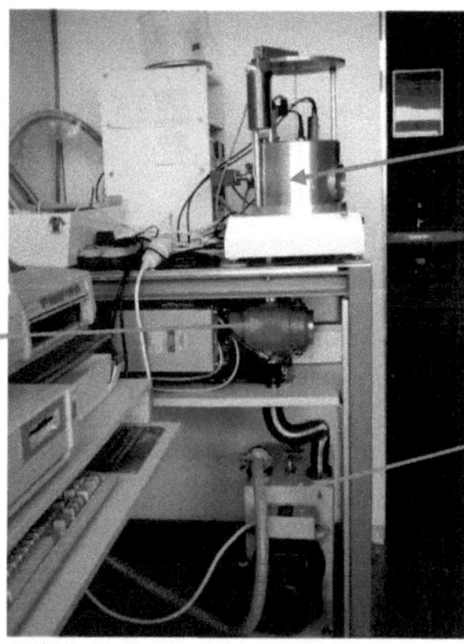

Bild 2: Kolbenmanometer-Pumpstand

Um einen zügigen Kalibrierbetrieb zu gewährleisten, sollen Evakuierzeiten kurz sein.

Die eigentliche Aufgabe bestand darin, das Auspumpverhalten der Vakuumglocke zu untersuchen und möglichst zu verbessern.
Dabei spielt das Erkennen und Ausmerzen von Ausgasraten und die Beseitigung von Strömungslecks eine entscheidende Rolle.
Ebenso sollte die Wärmeabgabe der Vakuumpumpen minimiert werden, um die Umgebungstemperatur, des das Kolbenmanometer und die zu kalibrierenden Messgeräte ausgesetzt sind, konstant zu halten.

Diese Untersuchungen wurden im Labor für Vakuumtechnik des Fachbereichs MNI unter der Leitung von Herrn Prof. Dr. Wolfgang Jitschin an der Fachhochschule Giessen-Friedberg durchgeführt.

2. Vakuumtechnische Grundlagen

2.1 Druck

Die physikalische Größe Druck ist definiert als Quotient aus Normalkraft und zugehöriger Fläche, auf die diese Kraft wirkt.

$$p = \frac{F}{A}$$

Die Maßeinheit des Druckes p ist das Pascal (benannt nach dem französischen Physiker Blaise Pascal). Der Druck von einem Pascal entsteht, wenn auf eine Fläche von 1 m^2 die Kraft F=1N senkrecht einwirkt.

Eine andere gebräuchliche Druckeinheit ist das Bar. Der tausendste Teil desselben, 1 mbar, wird heute in der Vakuumtechnik gern als Maßeinheit für Druck benutzt.

1 mbar = 100 Pa
1 bar = 10^5 Pa

2.2 Zustand der Gase

2.2.1 Zustandsgrößen und Mengengrößen

Der Zustand eines Gases wird durch die Zustandsgrößen Volumen Druck und Temperatur beschrieben. Die Menge eines Gases wird durch eine der Mengengrößen Masse, Teilchenzahl oder Stoffmenge angegeben.

Volumen V

Das Volumen des Gases wird vom *Volumen V* des Behälters bestimmt.

Druck p

(siehe vorherige Seite !)

Temperatur T

Im stationären Zustand nimmt das Gas in einem Behälter die gleiche Temperatur an wie der Behälter selbst.

Masse m

Die Menge eines Gases kann auf verschiedene Weisen angegeben werden.
Die Einheit der *Masse m* im internationalen Einheitensystem (SI) ist das kg (Kilogramm).

Teilchenanzahl N

Da ein Gas aus vielen einzelnen Gasteilchen besteht, kann man eine Gasmenge durch die Anzahl der einzelnen Teilchen angeben. Man nennt diese dimensionslose Größe *Teilchenanzahl N.*

Stoffmenge v

Eine praktische Angabe der Menge eines Gases ist die sog. *Stoffmenge v*. Diese erhält man durch Normierung der tatsächlichen Menge eines Stoffes auf eine bestimmte Bezugsmenge, die im Internationalen Einheitensystem (SI) das Mol ist.

2.2.2 Zustandsgleichung idealer Gase

Bei konstanter Temperatur ist das Produkt aus Druck und Volumen konstant. *(Boyle-Mariottesches-Gesetz)*

$p \cdot V = const.$ feste Gasmenge bei $T = const.$

Eine Temperaturänderung eines Gases führt zu einer Druckänderung. Ebenso wurde herausgefunden, dass bei fester Gasmenge das Produkt $p \cdot V$ mit steigender Temperatur linear zunimmt. [01]
Damit ergibt sich die *Zustandsgleichung des idealen Gases*:

$\frac{p \cdot V}{T} = const.$ bei fester Gasmenge

2.3 Sorption, Diffusion und Permeation

Sorption

Je kleiner die Drücke sind, die in einem Vakuumraum erreicht werden, um so mehr machen sich Fremdstoffe an der inneren Oberfläche der Gefäßwand und der Einbauten beim Evakuieren störend bemerkbar, da die Fremdstoffe allmählich von der Oberfläche freigesetzt werden.
Man sollte daher immer darauf achten, dass die Oberflächen sich vor dem Auspumpvorgang in einem sauberen Zustand befinden.

In molekularer Sicht versteht man unter Sorption die Austauschvorgänge von andersartigen Teilchen an den festen und flüssigen Grenzflächen der Vakuumräume.

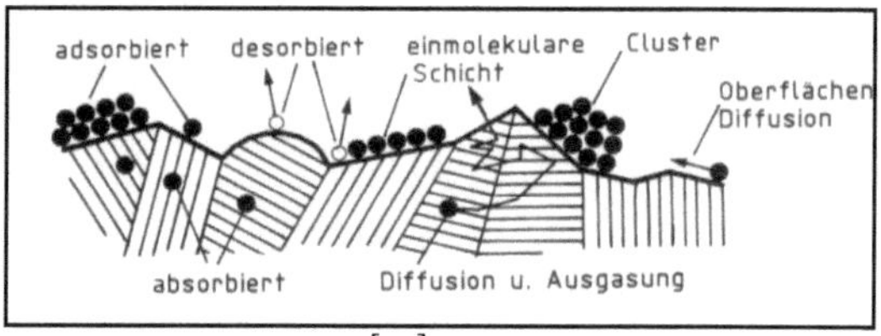

Bild 3: Modell zur Sorption [02]

Diffusion

Ist innerhalb einer Substanz die Dichteverteilung eines Gases inhomogen, so setzt eine Wanderung von Stellen höherer Dichte nach Stellen geringerer Dichte ein. Diesen Vorgang nennt man Diffusion.

Permeation

Der Durchgang von Gasen durch feste Stoffe nennt man Permeation.

Dies könnte durchaus auch bei dem zu untersuchenden Kolbenmanometer an verschiedenen Stellen der Konstruktion der Fall sein und somit mitunter eine Erklärung für den verbleibenden Restdruck in der Vakuumglocke sein.
Der Vorgang der Permeation besteht aus drei Schritten:

1. Adsorption (Anlagerung) eines Moleküls auf der Außenseite (Hochdruckseite)

2. Diffusion durch das Material

3. Desorption (Wegfliegen) eines Moleküls auf der Innenseite (Niederdruckseite)

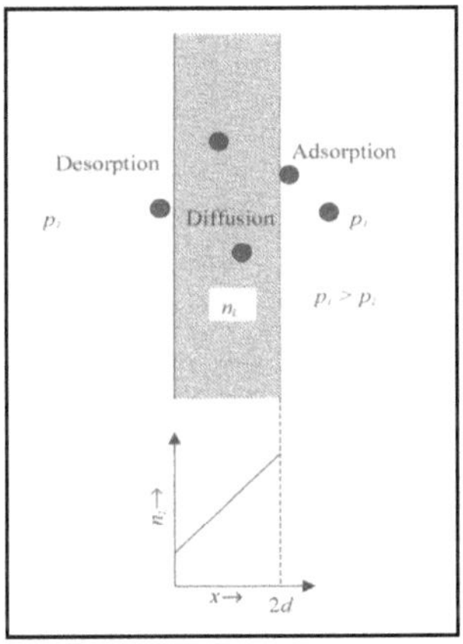

Bild 4: Schema der Permeation [03]

2.4 Vakuum und Vakuumphysik

Definition Vakuum nach DIN 28400, Teil 1

Vakuum ist der Zustand eines Gases, dessen Teilchenanzahl geringer ist als die der Atmosphäre an der Erdoberfläche.
Da die Teilchenanzahldichte innerhalb gewisser Grenzen zeit- und auch ortsabhängig ist, kann eine allgemeine obere grenze des Vakuums nicht angegeben werden.

Aber in den meisten Fällen in der Praxis kann man den Zustand eines Gases als Vakuum bezeichnen, dessen Druck geringer ist als der Atmosphärendruck, d.h. der am jeweiligen Ort herrschende Luftdruck.

Die Vakuumphysik umfasst alle physikalischen Grundlagen, die erforderlich sind, um Vakuum zu erzeugen oder aufrechtzuerhalten, Drücke, Partialdrücke,

Gasströmungen oder andere physikalische Größen im Vakuum zu messen, oder um Vakuum für unterschiedliche Zwecke anzuwenden. [04]

2.5 Vakuumpumpen

Die bei dem zu untersuchenden Kolbenmanometer eingesetzten Vakuumpumpen, eine Wälzkolbenvakuumpumpe und eine Drehschiebervakuumpumpe, gehören beide zur Gruppe der Rotationsverdrängerpumpen. Die Verdrängerpumpen sind die wichtigsten und am meisten verbreiteten Pumpen der Vakuumtechnik.
Einen Überblick dazu verschafft auch eine Übersicht der Vakuumpumpen im Anhang an diese Arbeit.

Die wichtigsten Kenngrößen der Vakuumpumpen sind das Saugvermögen S und die Saugleistung q_{pv}.

Das Saugvermögen S stellt den Volumenstrom der Gase dar, die aus einem Vakuumgefäß durch die arbeitende Vakuumpumpe entfernt werden. Da das Gasvolumen vom Druck abhängt, bezeichnet man in der Praxis als Saugvermögen den Quotienten aus der Druckunabhängigen pV-Stromstärke und einem Gleichgewichtsdruck, der an einer bestimmten Stelle in einem normierten Prüfaufbau gemessen wird.

Die Saugleistung q_{pV} ist der pV-Durchfluss des gepumpten Gases, die wie das Saugvermögen mit einem genormten Prüfdorn gemessen wird.

$$S = \frac{\Delta V}{\Delta t} \qquad \text{Saugvermögen = Volumenstrom am Ansaugquerschnitt}$$

$$q_{pV} = \frac{p \cdot \Delta V}{\Delta t} = p \cdot S \qquad \text{pV-Durchfluss oder pV-Stromstärke}$$

Eigentlich müsste man, um die strömende Gasmenge durch einen Querschnitt exakt zu bestimmen, den Stoffmengendurchfluss $q_V = \Delta v / \Delta t$ oder den Massendurchfluss $q_m = \Delta m / \Delta t$ angeben.

Diese sind aufgrund der allgemeinen Gasgleichung dem pV-Durchfluss $q_{pV} = p \cdot \Delta V / \Delta t$ proportional. Weil im Vakuum p und $\Delta V / \Delta t$ bzw. leichter messbar sind als q_v und q_m, benutzt man meist q_{pV} zur Beschreibung von Gasströmungen.

Wälzkolbenvakuumpumpe

Die Wälzkolbenpumpe ist eine trockene Vakuumpumpe und arbeitet im Schöpfraum ohne Wandreibung. Somit wird der Verschleiß minimiert und es ist vergleichsweise eine recht hohe Saugleistung auch bei geringem Vakuum zu erreichen.
Sie ist mit z.B. einer Drehschiebervakuumpumpe als Vorpumpe einsetzbar für alle möglichen Anwendungen im Grob- und Feinvakuumbereich, wenn große Saugvermögen erreicht werden sollen.

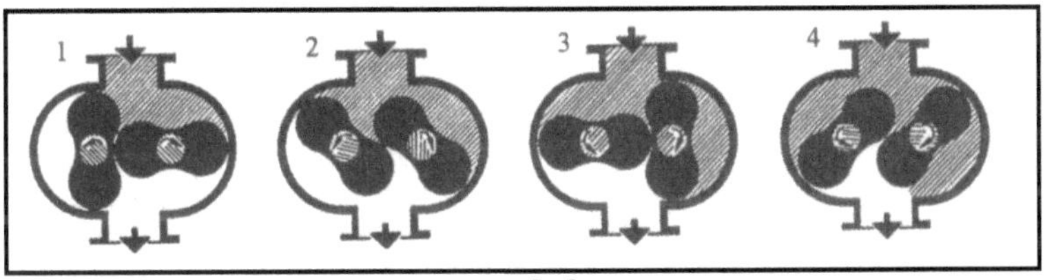

Bild 5: Funktionsschema einer Wälzkolbenpumpe [05]

Drehschiebervakuumpumpe

Die Drehschiebervakuumpumpe ist eine meist ölüberlagerte Verdrängerpumpe mit einem Pumpsystem als zentrale Arbeitseinheit. Diese besteht aus einem Zylinder mit nach außen geführten Stutzen, welche zum Ansaugen und Ausstoßen der zu fördernden Gase dienen.

Im Inneren der Pumpe befindet sich ein zum Zylinder exzentrisch angeordneter Rotor mit Schlitzen, in denen Schieber mit Druckfedern eingepasst sind.
Die an der Zylinderwand entlang gleitenden Schieber teilen den freien Innenraum in Arbeitskammern. Während einer Rotordrehung vergrößert sich das Kammervolumen von Null bis zum maximalen Volumen und verkleinert sich danach wieder kontinuierlich bis auf den Minimalwert.

Durch das Vergrößern und Verkleinern der sichelförmigen Kammern des Arbeitsraumes wird der eigentliche Pumpvorgang bewirkt.
Mit der Verkleinerung des Kammervolumens erfolgt die Kompression der eingeschlossenen Gase.

Der Kompressionsdruck muss so stark sein, dass der Gasdruck größer als der Öffnungsdruck des Auslassventils wird. Dieser ist in etwa 200 mbar größer als der Atmosphärendruck.

1 Pumpenzylinder, **2** Kompressionsraum, **3** Rotor, **4** Schieber, **5** Gasballastbohrung, **6** Auspuff, **7** Ventil, **8** Ölstand, **9** Vakuumanschluss

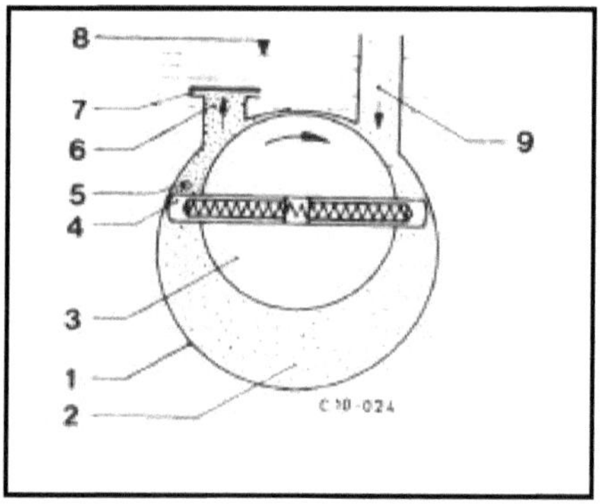

Bild 6: Funktionsprinzip einer Drehschieberpumpe [06]

2.6 Vakuummessung

Mit Vakuum bezeichnet man einen Druckbereich, der sich von weniger als 10^{-14} mbar bis zu etwa 500 mbar erstreckt, also eine Ausdehnung von mehr als 16 Zehnerpotenzen hat.

Es gibt daher keine Messgeräte, die in der Lage sind, den gesamten Messbereich mit der gewünschten Genauigkeit zu erfassen.

Der Messbereich ist nach DIN 28400 in die Bereiche Grobvakuum, Feinvakuum, Hochvakuum, Ultrahochvakuum und extrem hohes Vakuum gegliedert.

Diese sind im folgenden Diagramm auszugsweise dargestellt.

Bezeichnung	Abkürzung	p / Pa	p / mbar
Grobvakuum	GV	$3 \cdot 10^4 \ldots 1 \cdot 10^2$	$3 \cdot 10^2 \ldots 1$
Feinvakuum	FV	$1 \cdot 10^2 \ldots 1 \cdot 10^{-1}$	$1 \ldots 1 \cdot 10^{-3}$
Hochvakuum	HV	$1 \cdot 10^{-1} \ldots 1 \cdot 10^{-5}$	$1 \cdot 10^{-3} \ldots 1 \cdot 10^{-7}$
Ultrahochvakuum	UHV	$< 1 \cdot 10^{-5}$	$< 1 \cdot 10^{-7}$
Extrem hohes Vakuum	XHV	$< 1 \cdot 10^{-10}$	$< 1 \cdot 10^{-12}$

Bild 7: Diagramm Unterteilung des Vakuumbereichs in Grob- bis Ultrahochvakuum nach DIN 28400 [07]

Eine Möglichkeit, um den Totaldruck im Vakuumbereich zu messen, ist die Kraftwirkung, die der Druck auf eine Fläche ausübt. Eine weitere sind die druckabhängigen Eigenschaften der Gase. Man kann z.B. die innere Reibung, die Wärmeleitung, molekulare Impulsübertragung oder die Gasionisation verwenden.

Kolbenmanometer, Flüssigkeitsmanometer und Deformationsmanometer messen die Kraft des Gasdrucks unmittelbar.
Somit gehören diese Geräte zu den Mechanischen Manometern.

Das physikalische Prinzip der Wärmeleitung wird bei den Wärmeleitungsvakuummetern verwendet.

Im Hochvakuumbereich kommen in den häufigsten Fällen die Ionisationsvakuummeter zum Einsatz.
Diese Geräte nutzen die Druckabhängigkeit der Gasionisation durch entweder den Elektronenstoß, durch die Feldionisation oder durch die Wechselwirkung von Gasen mit ionisierender Strahlung.

Einen Überblick über die Arbeitsbereiche der verschiedenen Bauformen von Vakuummessgeräten soll das folgende Diagramm schaffen.

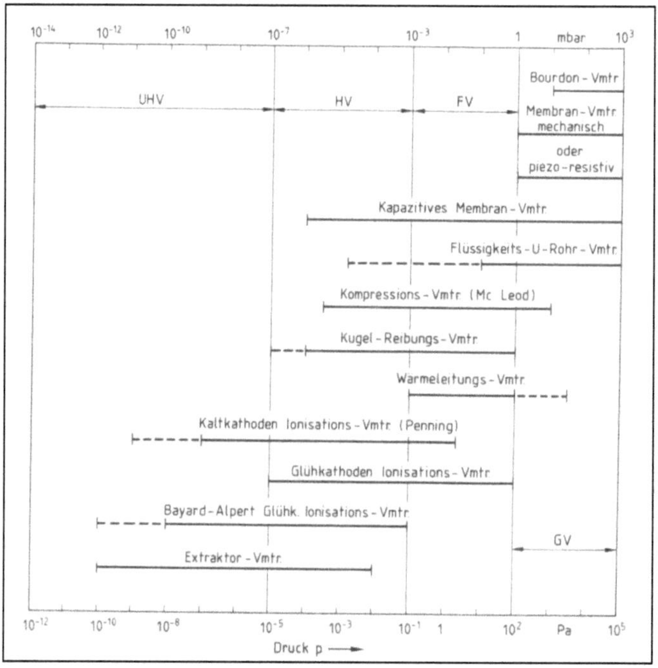

Bild 8: Arbeitsbereiche der gebräuchlichsten Varianten [08]

3. Ist-Zustand

3.1 Bisherige Verbesserungen

Bis zum jetzigen Zeitpunkt wurden schon einige Veränderungen an der Anlage realisiert, um die Auspumpzeit der Vakuumglocke zu verkürzen.
Das Kunststoffrohr der Glocke wurde durch ein erheblich kleineres Aluminiumbauteil ersetzt, um das zu evakuierende Volumen zu verringern und das Ausgasen aus dem Bauteil zu minimieren. Aluminium hat eine wesentlich kleinere Gasabgaberate als Kunststoff.

Ebenso wurde ein äußeres Leck geschlossen, indem man die Anschlusskabel des Elektromotors für die Kolbenrotation veränderte.
Dafür wurden vom Hersteller kunststoffummantelte, mehradrige Litze verwendet. Diese war durch eine Bohrung durch das Vakuumgefäß geführt und mit Silikonkleber abgedichtet.
Durch eine Verbesserung dieser Kabeldurchführung und durch das Ersetzen der Kunststoffglocke konnte der Gasabgabestrom um mehr als eine Zehnerpotenz gesenkt werden.

Der Erforderliche Enddruck wird erreicht durch eine Wälzkolbenpumpe als Vorverdichter und einer nachgeschalteten zweistufigen Drehschieberpumpe mit jeweils 30 m3/h Nennsaugvermögen.

Der tatsächlich von der Anlage erreichten Enddrücke in der Glocke betragen $9{,}03 \cdot 10^{-4}$ mbar im Kaltzustand und $8{,}95 \cdot 10^{-4}$ mbar im Warmzustand der eingesetzten Vakuumpumpen.

Die Messungen des Restgasdrucks in der Vakuumglocke wurden mit kapazitiven Membran-Vakuummetern vom Hersteller MKS durchgeführt. Diese werden im Kapitel Aufbau der Anlage nochmals näher beschrieben.

3.2 Aufbau der Anlage

3.2.1 Kolbenmanometer

Hersteller des Geräts ist Pressurements Ltd. aus Großbritannien.
Der ursprünglich darstellbare Differenzdruck des Kolbenmanometers, der nach unten durch die Masse des Kolbens begrenzt ist, beträgt 30 mbar und der größte 2000 mbar.

Dies entspricht den Massen 61,7 g und 4116,2 g. Durch das Labor für Vakuumtechnik wurde das Gerät nachträglich auf einen max. Differenzdruck von 4000 mbar erweitert.

Bild 9: Kolbenmanometer Modell 6100

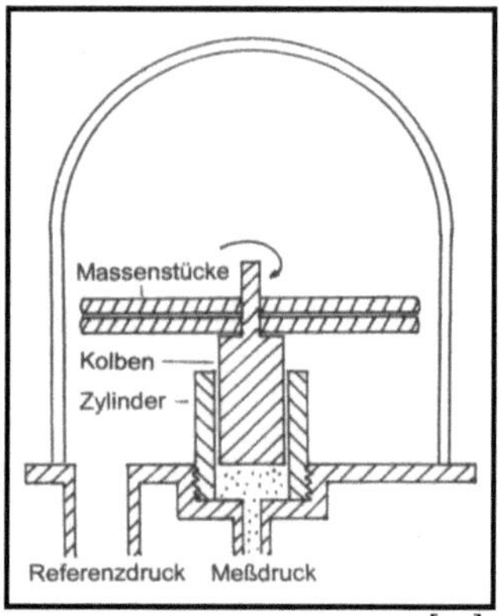

Bild 10: Aufbau Kolbenmanometer [09]

Kolbenmanometer, auch in vielen Veröffentlichungen als Druckwaage bezeichnet, eignen sich zum Justieren, Prüfen und Eichen von Manometern und anderen Druckmessgeräten. Es arbeitet nach der schon um 1650 von Otto von Guericke entdeckten Definition des Drucks als Verhältnis von Normalkraft zu zugehöriger Fläche.

Schon damals konnte Guericke mit seinem Galgenversuch den atmosphärischen Luftdruck bestimmen relativ genau bestimmen.

Der Druck wird allgemein definiert als das Verhältnis aus der Normalkraft, die auf eine Fläche wirkt und der Größe der zugehörigen Fläche, auf die die Kraft wirkt;

$$p = \frac{F_N}{A}$$

Vernachlässigt man den Auftrieb des Kolbens im Vakuum, berechnet sich der von Drehkolbenmanometer erzeugte Druck wie folgt:

$$p_1 = \frac{\sum m \cdot g}{A_0 \cdot \left[1 + (\alpha_K + \alpha_Z) \cdot (\vartheta - 20^\circ C)\right]} + p_2$$

A_o wirksame Kolbenfläche bei 20°C

ϑ Temperatur des Zylinder-Kolben-Systems

α_K Längenausdehnungskoeffizient des Kolbenwerkstoffs

α_Z Längenausdehnungskoeffizient des Zylinderwerkstoffs

p_2 Glockendruck

Mit den heutigen Kolbenmanometern lassen sich Druckmessungen mit relativen Unsicherheiten von einigen 10^{-6} erreichen. Diese arbeiten mit einem Kolben, der sich in einem äußerst eng gefertigten Zylinder mit einem Abstand von nur einigen Zehntel µm bewegt.

Die sehr geringen Fertigungstoleranzen sind heute durch präzise Maschinen und fertigungstechnische Erfahrung möglich geworden.
Um sehr hohe Drücke zu messen, werden Kolben und Zylinder aus Werkstoffen mit sehr hoher Härte wie Wolframkarbid und Keramik verwendet.

Der Druck unterhalb des Kolbens ist gegeben durch das Verhältnis der nach unten gerichteten Gewichtskraft und der effektiven Fläche des Kolbens, wenn dieser auf Arbeitshöhe schwebt.

Als Fluid werden bei kleinen Drücken Gase, meist Luft oder Stickstoff, verwendet. Diese haben nur eine geringe Viskosität und bewirken somit nur geringe Reibungskräfte. Bei hohen Drücken werden spezielle Öle eingesetzt, deren Viskosität genügend klein für eine geringe Reibung und genügend groß für eine kleine Leckage ist.

Das Kolbenmanometer stellt als Primärnormal für Vakuum kein Druckmessgerät im üblichen Sinne, sondern im Prinzip eine Art Druckgenerator dar. Es erzeugt eine Druckdifferenz zwischen den Räumen oberhalb und unterhalb des Kolbens. Evakuiert man den Raum oberhalb des Kolbens auf vernachlässigbar kleine Drücke, so erzeugt man absolute Drücke unterhalb.
Bei unserem Kolbenmanometer handelt es sich um die Bauform mit beweglichem Kolben und festem Zylinder. Dieses Gerät wird im absolute mode benutzt.

3.2.2 Drehschieberpumpe und Wälzkolbenpumpe

Der Pumpsatz der Anlage besteht aus einer zweistufigen Drehschieberpumpe von Pfeiffer-Vakuum mit einem Saugvermögen von $30m^3/h$ und einer Wälzkolbenpumpe von Vaccubrand mit ebenfalls einem Saugvermögen von $30m^3/h$.

Bild 11: Drehschieberpumpe

Bild 12: Wälzkolbenpumpe

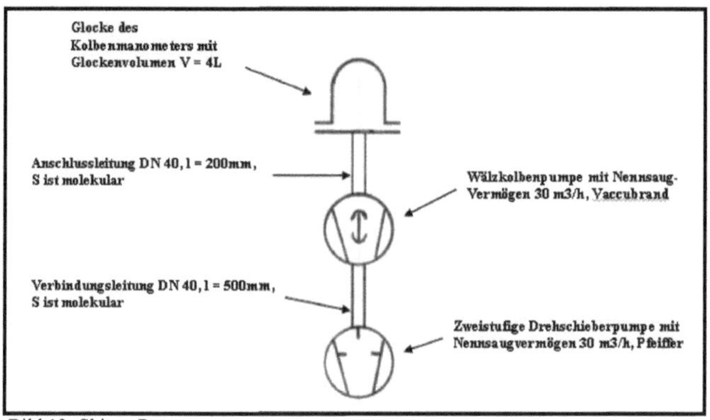

Bild 13: Skizze Pumpsystem

3.2.3 Druckmessgerät und Durchflussmessgerät

Druckmessgerät

Bei unseren Messungen zur Erfassung des Auspumpdrucks wurden kapazitive Membran-Vakuummeter von MKS verwendet.

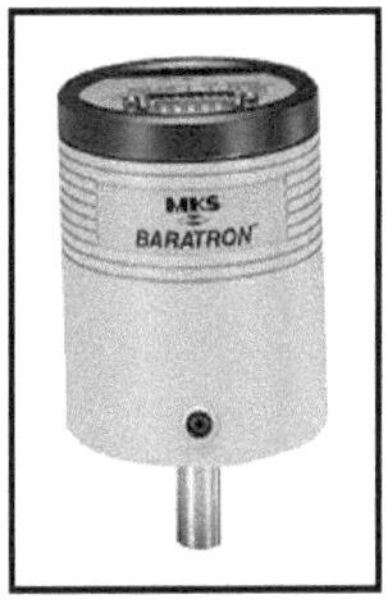

Bild 14: Messgerät Modell 626 A
von Hersteller MKS [10]

Das Model 626 A 00001 hat einen Bereichsendwert von 0,1 mbar und liefert in diesem Bereich zuverlässig Werte.
In den Messbereichen 10^2 mbar und 10 mbar wurden ebenfalls Messgeräte dieser Bauart vom gleichen Hersteller eingesetzt.
Die Messeigenschaft der Geräte wurde durch regelmäßige Kalibrierung überwacht und erwies sich als stabil.

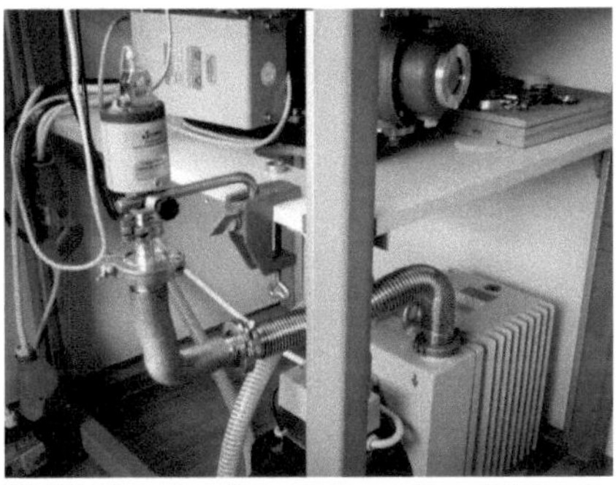

Bild 15: Versuchsaufbau mit Messgerät von MKS und Drehschieberpumpe

Bei dieser Bauart wird die Messmembran, die sich druckbedingt durchbiegt, die eine Elektrode eines Kondensators. Die Kapazitätsänderung dieses Kondensators wird in Abhängigkeit von der Druckdifferenz zwischen den zwei Membranseiten gemessen.
Die hohe Empfindlichkeit dieser Druckmessmethode ermöglicht die Messung sehr kleiner Drücke.
Durchflussmessgerät
Hersteller des verwendeten Durchflussmessgerätes ist Unit Instruments Inc. in den USA.

Bild 16: Durchflussmessgerät von Unit. Instruments Inc. [11]

Mit Geräten dieser Art wird ein stationärer Gasstrom (pV-Durchfluss q_{pV}) hinreichend genau ermittelt.
Dann kann mit folgender Formel das Saugvermögen errechnet werden:

$$S = \frac{q_{pV}}{p_{ein}}$$

Auf dem folgenden Bild ist der Messaufbau zur Ermittlung des Saugvermögens gezeigt. Auf das Vakuumgefäß wird im folgenden Kapitel näher eingegangen.

Bild 17: Messung zur Ermittlung des Gasstroms

3.2.4 Messdom nach DIN 28429

Zur Ermittlung des Saugvermögens des Pumpsatzes wurde anstelle der Vakuumglocke ein Messdom nach DIN 28492 montiert, welcher in folgender Skizze dargestellt ist. Dieser hat etwa das gleiche Volumen wie die Glocke des Kolbenmanometers.
Es zeichnet sich dadurch aus, dass es UHV- dicht ist und eine sehr geringe Ausgasrate besitzt.

-
-

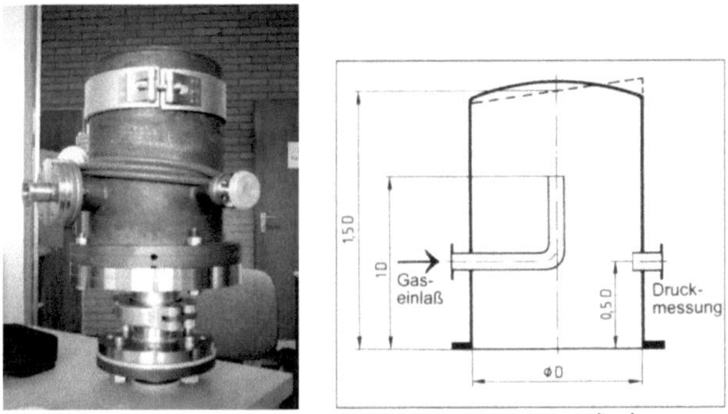

Bilder 18 und 19: Einfachdom zur Messung des Saugvermögens [12]

3.2.5 Rohrleitungssystem

Die Gesamtverrohrung mit sämtlichen Bauelementen ist auf der folgenden Skizze ausführlich dargestellt.

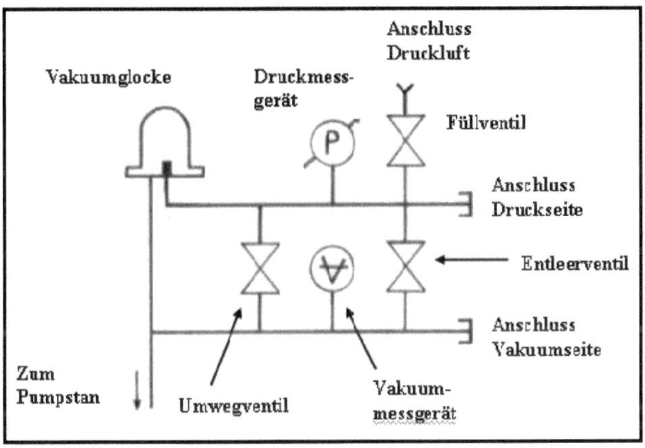

Bild 20: Verrohrung Kolbenmanometer

Die Verbindungen zwischen den Bauteilen sind mit Kleinflanschbauelementen und Dichtungen nach DIN 28403 ausgeführt. Diese bestehen im Wesentlichen aus den Flanschpartnern, den Dichtungen und den Verschlusselementen.

Die Flanschpartner sind identisch; zwischen die Flanschpartner werden die Dichtungen eingelegt, welche in einem Zentrierring gehalten werden. Die Fixierung erfolgt mit Schnellspannbauteilen, die außen montiert werden.
Im Folgenden sind verschiedenen Bauelemente des Systems abgebildet.

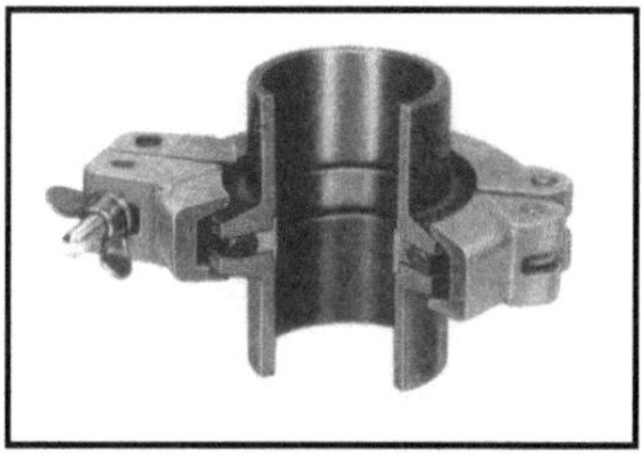

Bild 21: Kleinflanschverbindung mit Spannring [13]

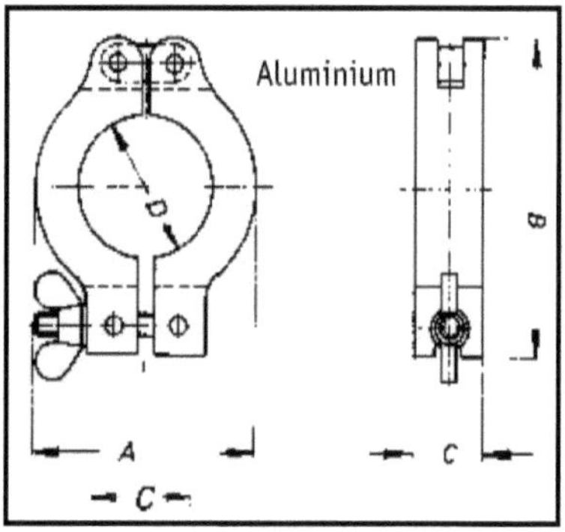

Bild 22: Spannring mit Flügelmutter [14]

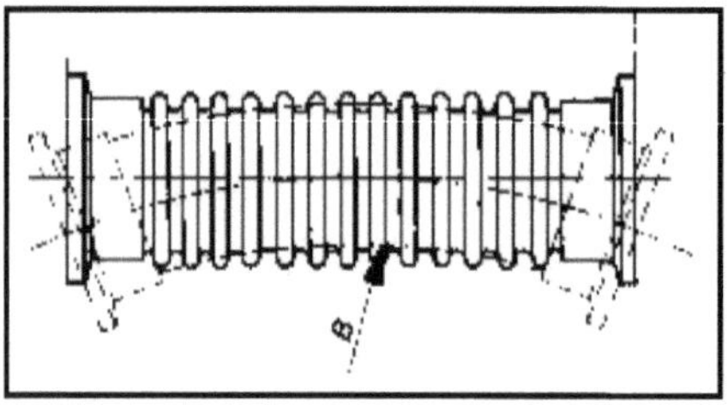

Bild 23: Metallschlauch mit Kleinflansch [15]

3.3 Auspumpkurven

Das Auspumpverhalten der Vakuumglocke des Kolbenmanometers im ursprünglichen Zustand ist auf den folgenden drei Diagrammen dargestellt.

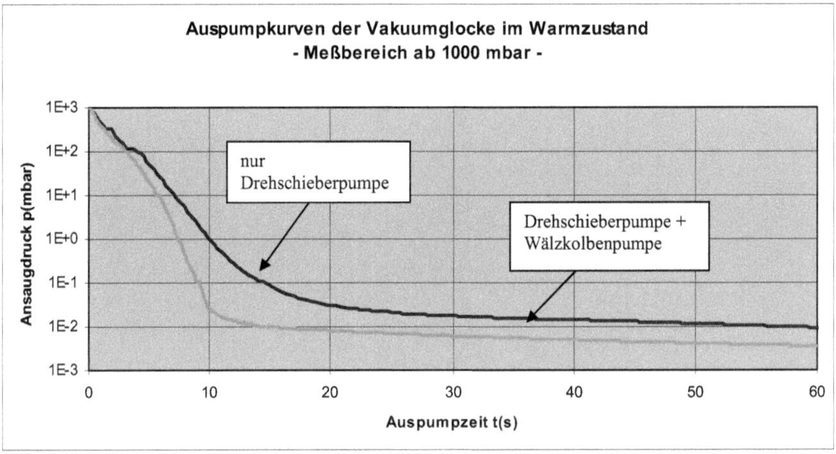

Diagramm 1: Auspumpkurve Messbereich ab 1000 mbar

Auf den folgenden Diagrammen ist der Druckbereich ab 1 mbar abwärts beschrieben, da wir uns im Wesentlichen für die Vorgänge in diesem Druckbereich interessieren.

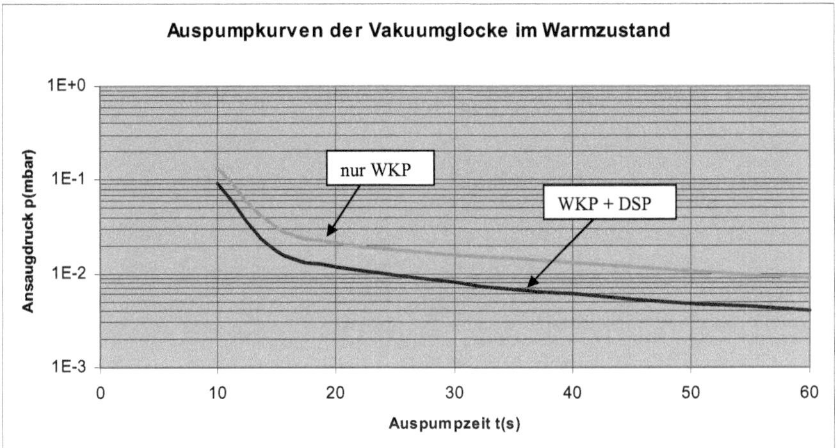

Diagramm 2: Auspumpkurve WKP+DSP und WKP

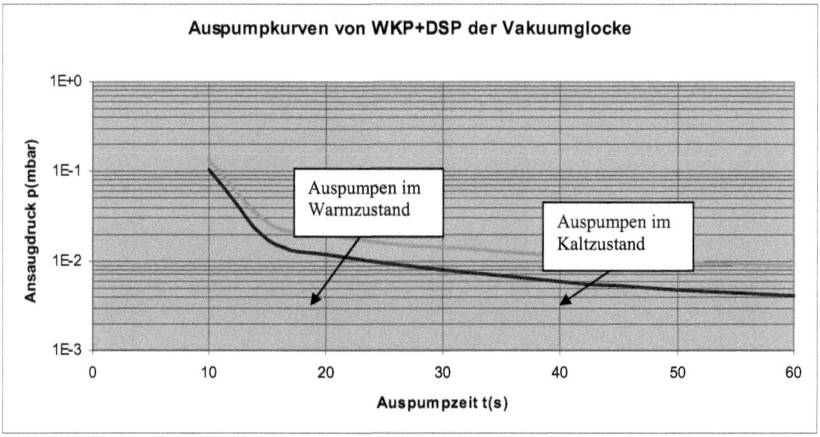

Diagramm 3: Auspumpkurve Vergleich Warmzustand und Kaltzustand

Der Formelmäßige Zusammenhang zwischen Ansaugdruck und Auspumpzeit stellt sich wie folgt dar:

$$t_1(p) = \frac{V}{S_{Eff}} \cdot \ln \frac{p_0}{p}$$

p_0 = Umgebungsdruck
S_{Eff} = Effektives Saugvermögen
V = Volumen des Vakuumgefäßes

Bei diesen Messreihen wurden folgende Werte als Restdruck in der Vakuumglocke gemessen:

1. Drehschieberpumpe und Wälzkolbenpumpe im Kaltzustand:

   $p_{\min} = 9{,}03 \cdot 10^{-4} mbar$

2. Drehschieberpumpe und Wälzkolbenpumpe im Warmzustand:

   $p_{\min} = 8{,}95 \cdot 10^{-4} mbar$

3. Drehschieberpumpe im Kaltzustand:

   $p_{\min} = 3{,}95 \cdot 10^{-3} mbar$

4. Drehschieberpumpe im Warmzustand:

   $p_{\min} = 2{,}90 \cdot 10^{-3} mbar$

3.4 Saugvermögen und Leitwert

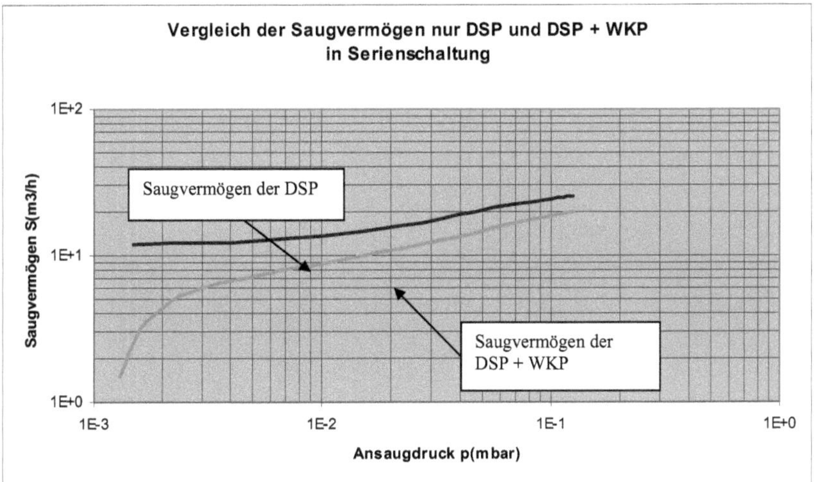

Diagramm 4: Vergleich der Saugvermögen

Die Messung erfolgt an einem Messdom nach DIN 28429, der ausführlich im Kapitel 4.2.4 beschrieben wird.

Das Saugvermögen S wird bestimmt, indem der Druck p auf der Einlassseite einer Pumpe gemessen wird, wenn ein bekannter Gasfluss q_{pV} einströmt und schließlich durch folgende Formel errechnet:

$$S = \frac{q_{pV}}{p}$$

Auf den folgen zwei Bildern ist der Versuchsaufbau nochmals veranschaulicht dargestellt.

Bild 24: Versuchsaufbau zur Ermittlung des Saugvermögens der Drehschieberpumpe

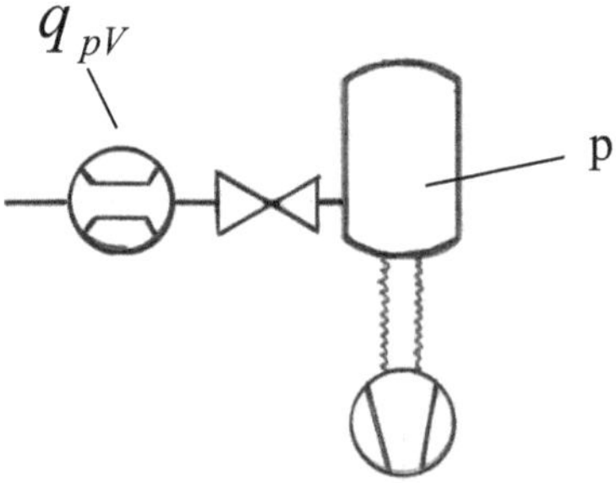

Bild 25: Skizze zu Versuchsaufbau Saugvermögen

Leitwert

Jedes zwischen Pumpenkammer und Pumpe eingefügte Element vermindert den Volumenstrom aus der Kammer von S auf S_{eff}.

Also muss man sich genau darüber im Klaren sein, mit welchen Verbindungselementen man die einzelnen Geräte der Anlage zusammenfügt, da jedes Verbindungselement einen eigenen Leitwert C besitzt.

Das effektive Saugvermögen wird nach folgender Formel berechnet:

$$\frac{1}{S_{eff}} = \frac{1}{S} + \frac{1}{C}$$

Bei Reihenschaltungen und Parallelschaltungen der Elemente kommen folgende Formeln zur Anwendung:

Reihenschaltung von Bauelementen:

$$\frac{1}{C} = \frac{1}{C_1} + \frac{1}{C_2}$$

Parallelschaltung von Bauelementen:

$$C = C_1 + C_2$$

Auf dieser Seite werden zwei verschiedene Aufbauten verglichen, um den Stellenwert des Leitwerts der unterschiedlichen Wellschläuche zu verdeutlichen.

1. Aufbau

Wellschlauch 1: DN 40

Schlauchdurchmesser/Nennweite: 40 mm
Schlauchlänge: 500 mm
Damit ist nach Diagramm Bild 26: $C_1 = 11l/s$

Wellschlauch 2: DN 32

Nennweite: 32 mm
Schlauchlänge: 500 mm
Nach Diagramm Bild XX: $C_2 = 7l/s$

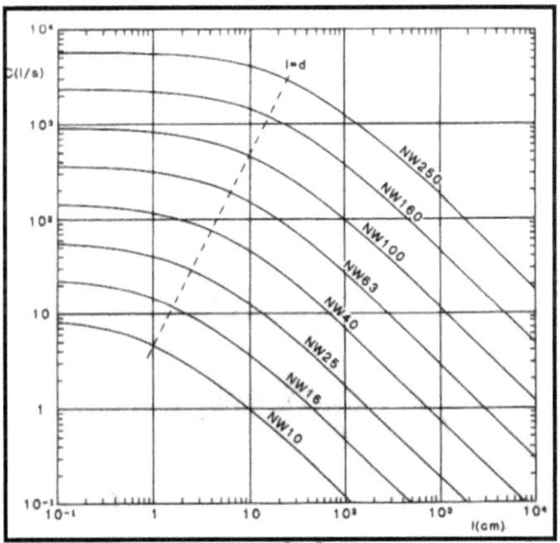

Bild 26: Leitwertdiagramm [16]

Beide Schläuche in Reihe geschaltet:

$$\frac{1}{C} = \frac{1}{C_1} + \frac{1}{C_2} = \frac{1}{11l/s} + \frac{1}{7l/s} \qquad C = 4{,}28l/s$$

Damit wird das Effektive Saugvermögen:

$$\frac{1}{S_{eff}} = \frac{1}{8{,}3l/s} + \frac{1}{4{,}28l/s} \qquad S_{eff} = 2{,}86l/s$$

2. Aufbau

Wellschlauch 1: DN 40

Damit wird das Effektive Saugvermögen in diesem Fall:

$$\frac{1}{S_{eff}} = \frac{1}{11 l/s} + \frac{1}{8{,}3 l/s} \qquad S_{eff} = 4{,}76 l/s$$

Die beiden Varianten sind auf folgendem Diagramm gezeigt:

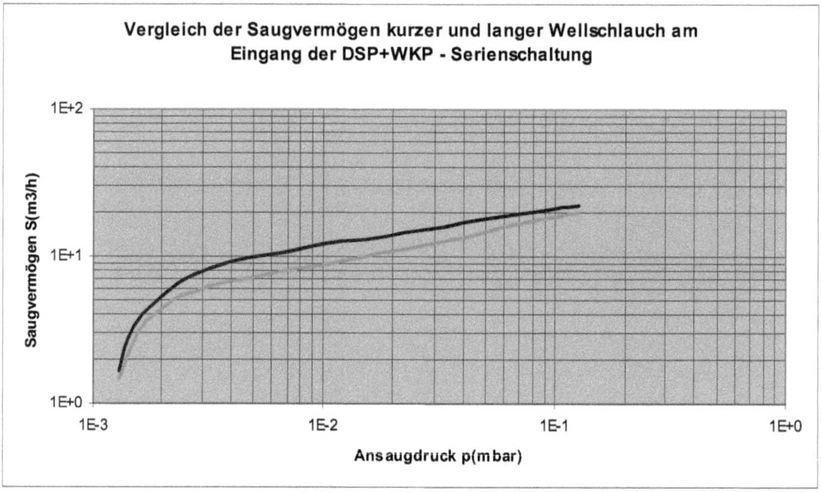

Diagramm 5: Vergleich der Wellschläuche

4. Veränderungen an der Anlage

4.1 Konstruktive Veränderungen am Kolbenmanometer

Beim Evakuieren einer Vakuumkammer müssen außer dem eigentlichen abzupumpenden Gasvolumen ebenfalls auch noch diverse andere Volumen, welche dementsprechend auch verantwortlich sind für den Restgasdruck im Vakuumbehälter, beachtet werden.

Zu nennen sind da in erster Linie Gasströme aus Lecks. Durch diese Lecks können aus dem Umgebungsdruck oder aus Totvolumen, oftmals resultierend durch nicht vakuumgemäße Konstruktion, Gas in die Vakuumkammer einströmen und somit die Auspumpzeit erheblich verlängern.
Ebenfalls zu nennen sind Gasströme von inneren Oberflächen, hervorgerufen durch Desorption und Verdampfung und Gasströme aus dem Inneren der Werkstoffe, nämlich durch Verdampfung und Permeation.
Auch eine wichtige Rolle spielen hier Gasströme von dem eingesetzten Gut und dem durchzuführenden Prozess.

Auf dem folgenden Diagramm wird die Auspumpkurve eines Rezipienten und die Auspumpkurve der zu untersuchenden Vakuumglocke verglichen.
Dieser Rezipient kann annähernd als leckagefrei betrachtet werden.
Aus dieser Darstellung wird deutlich, dass ein erheblicher Anteil des schlechteren Auspumpverhaltens auf vorhandene Lecks zurückzuführen sind.

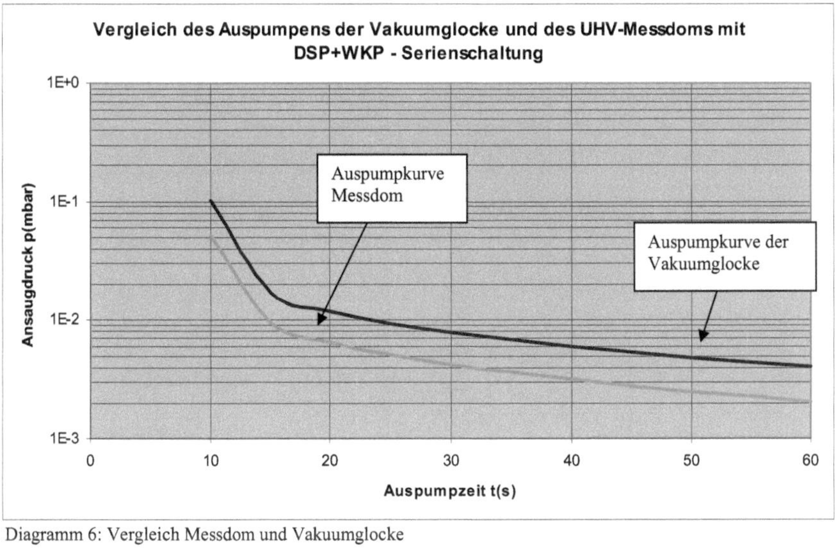

Diagramm 6: Vergleich Messdom und Vakuumglocke

4.1.1 Dichtungssitz des Elektromotorgehäuses

Durch genauere Betrachtung des Kolbenmanometers wurden wir auf das Gehäuse eines Elektromotors aufmerksam. Dieser Elektromotor, welcher die Drehbewegung des Kolben-Zylinder-Systems erzeugt, wird durch ein Gehäusedrehteil nach außen abgeschirmt.

Bild 27: Elektromotor

Bild 28: Gehäuse mit O-Ring

Dieses Gehäuseteil wird durch einen O-Ring, welcher in einer Nut fixiert wird, an die Grundplatte des Kolbenmanometers geflanscht.

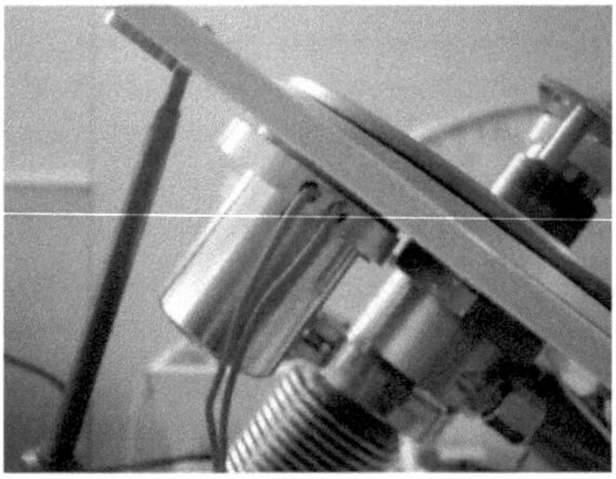

Bild 29: Grundplatte mit Gehäuse

Es war offensichtlich, dass die Nut zu tief ausgeführt wurde und somit der O-Ring nicht ausreichend an den Flansch gepresst wird.
Durch Veränderung dieses Gehäuseteils konnte schon eine erhebliche Verbesserung des Auspumpverhaltens erzielt werden.
Diese Verbesserung ist auf dem folgenden Diagramm dargestellt.

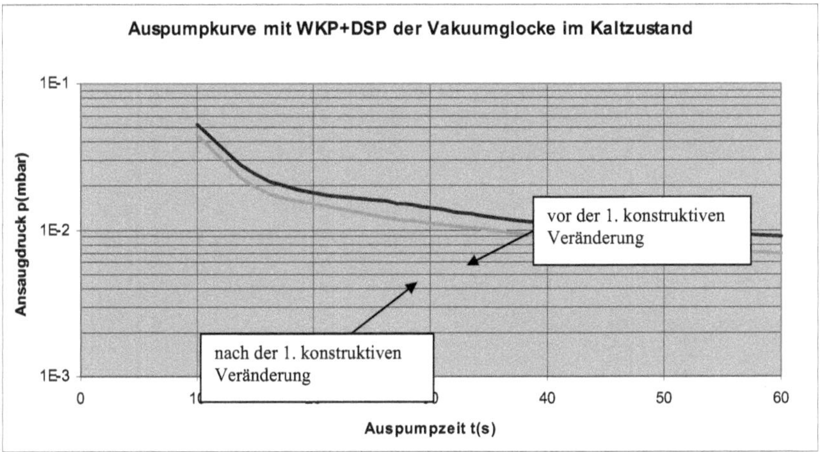

Diagramm 7: Vergleich zur 1. konstruktiven Änderung

4.1.2 Verlegung des E-Motors aus dem Glockenvolumen heraus

Ebenso wurde der Elektromotor als mögliche Quelle in Betracht gezogen. Elektromotoren sind in Ihrem Aufbau recht kompliziert und enthalten viele kleine Bauteile und Luftkammern, die viel Gas in sich enthalten können.
Da sich der Elektromotor im Vakuumbereich befand, wurde eine Vergleichsmessung durchgeführt, um zu ermitteln, ob sich dies anhand der Auspumpkurven bemerkbar machen würde.
Dabei wurden folgende Werte durch die Messgeräte aufgenommen:

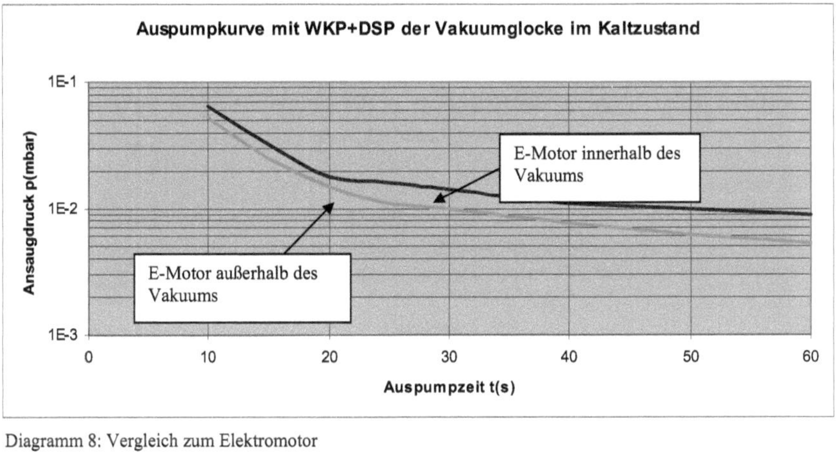

Diagramm 8: Vergleich zum Elektromotor

Man sieht deutlich, dass aus dem Elektromotor ein recht beachtlicher Gasstrom entweicht.
Dieser wurde dadurch eliminiert, dass man den Motor aus dem Vakuumbereich herausnimmt. Somit wird durch eine Motorwelle, welche durch die Vakuumwand geführt werden muss, die Drehbewegung nach innen übertragen.
Die ursprüngliche Welle musste durch eine Verlängerung auf die geforderte Länge ausgeglichen werden.
Für die gewünschte Dichtheit der Durchführung spielt die Abdichtung, welche ebenfalls durch einen O-Ring ausgeführt wurde, eine ganz wichtige Rolle.
Dies ist auf den folgenden Bildern genauer dargestellt.

Die zugehörigen Werkstattskizzen sind im Anhang dieser Diplomarbeit aufgeführt.

Bild 30: Neuer Motorsitz mit Wellendurchführung

Bild 31: Drehteil für

Bild 32: Drehteil mit O-Ring und Wellenverlängerung

Bei der Konstruktion wurde stets darauf geachtet, dass alle für die Vakuumtechnik erforderlichen Konstruktionshinweise und Richtlinien beachtet wurden.

Somit wurde an dem gezeigten Drehteil eine Einstufung angedreht, um dort ein Totvolumen ausschließen zu können.
Ebenso wurden an der Wellenverlängerung und an dem Rad, welches die Drehbewegung durch das Spanngummi überträgt, eine Entgasungsbohrung angebracht.

Die Verbesserung durch das Herausnehmen des Elektromotors aus der Vakuumkammer hat sich dann wie folgt dargestellt:

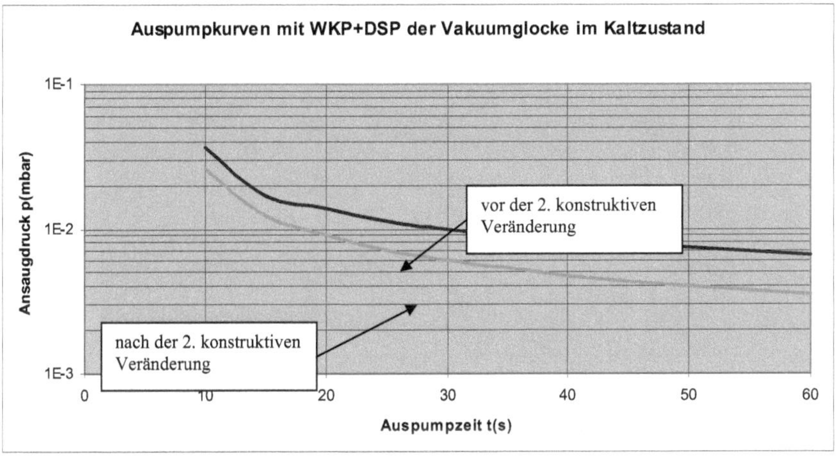

Diagramm 9: Vergleich zur 2. konstruktiven Änderung

4.1.3 Bearbeitung der Ringfläche der Vakuumglocke

Die Vakuumglocke sitzt mit ihrer Unterseite, einer Ringförmigen Fläche mit einem Durchmesser von 200 mm und einer Dicke von 5 mm, auf einem aus Edelstahl gefertigten Gehäuseteil auf.

Abgedichtet wird auch an dieser Stelle mit einem O-Ring. Da die Vakuumglocke aus Aluminium ausgeführt ist, und Aluminium ein sehr weiches Material ist, muss die Ringfläche in regelmäßigen Abständen nachgearbeitet werden, um die Dichtigkeit an dieser Stelle optimal zu gewährleisten.
Dabei stelle sich heraus, dass es nicht sinnvoll ist, diese Arbeit mit einem Fräswerkzeug auszuführen, da sich an der Ansetzstelle des Fräsers eine Riefe bildet, die einen unzulässig großen Gasstrom zulässt.

Zweckmäßiger scheint die Nachbearbeitung durch Abdrehen der Fläche.

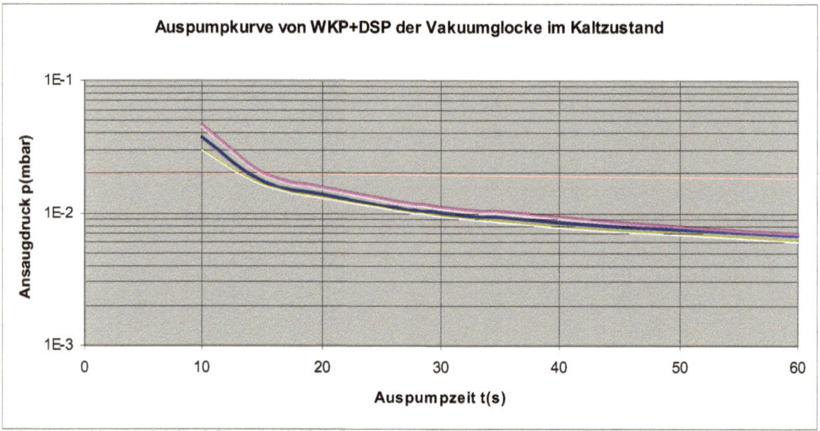

Diagramm 10: Vergleich Abfräsen und Abdrehen der Ringfläche

4.1.4 Permanentlauf der Drehschieberpumpe

Dabei wurde die Wälzkolbenpumpe durch ein Ventil zur permanent laufenden Drehschieberpumpe zugeschaltet. Die Messungen zeigten, dass sich dies aber nicht positiv beim Auspumpverhalten bemerkbar macht.

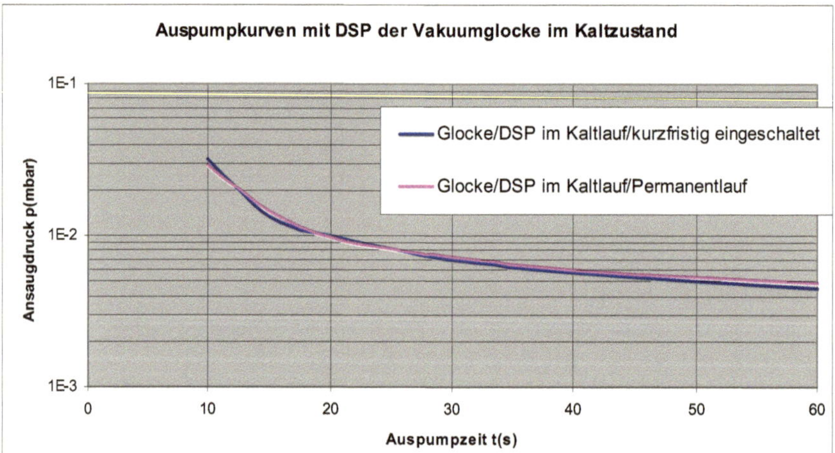

Diagramm 11: Vergleich zum Permanentlauf der DSP

Das folgende Bild zeigt den zugehörigen Versuchsaufbau mit dem zwischen Drehschieberpumpe und Wälzkolbenpumpe geschalteten Ventil.

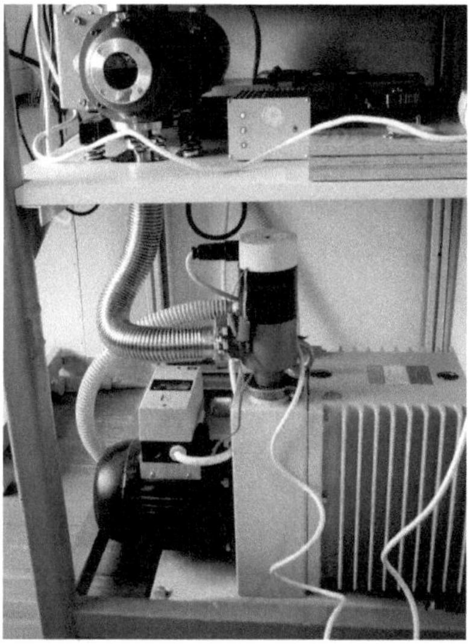

Bild 33: WKP und DSP mit Ventil

4.1.5 Verrohrung des Kolbenmanometers

Im nächsten Diagramm ist gezeigt, wie sich das Auspumpverhalten der Vakuumglocke ohne die Verrohrung zu den Anbaugeräten darstellt.

Das Rohrleitungssystem des Kolbenmanometers und die Verbindungen zwischen den einzelnen Geräten sind mit Schnellspannelementen ausgeführt und genauer im Kapitel 4.2.5 dieser Diplomarbeit beschrieben.
Das Diagramm zeigt, dass sich die Dichtigkeit der Dichtungen der Schnellspannelemente erst nach einer gewissen Auspumpzeit negativ bemerkbar macht.

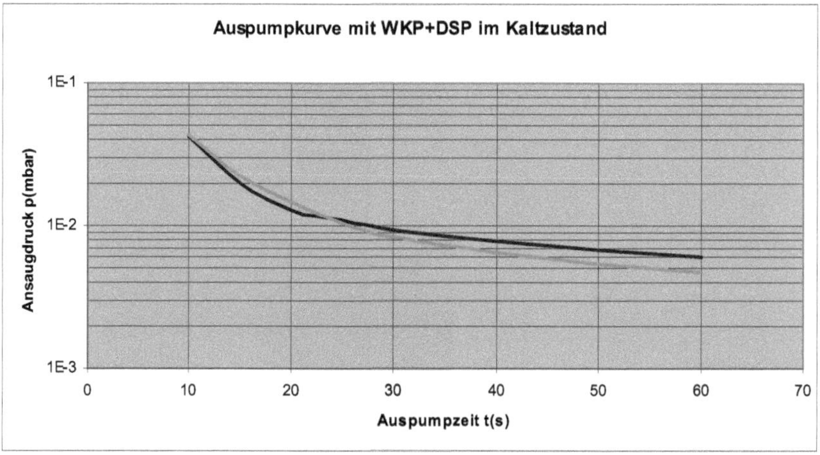

Diagramm 12: Vergleich Verrohrung

4.2 Verlegung des Kolbenmanometers und der Vakuumpumpen

Es ist wichtig, die Umgebungstemperatur um das Kolbenmanometer und die zu kalibrierenden Geräte so konstant wie möglich zu halten. Nur so kann eine Messung mit ausreichender Genauigkeit erzielt werden.
Aus diesem Grund wurden die beiden Vakuumpumpen vom Kolbenmanometer wegversetzt.
Die Drehschieberpumpe wurde aus dem Messraum heraus in einem benachbarten Raum platziert. (Bild 33)
Dazu wurde der Saugschlauch, der die Drehschieberpumpe mit der Wälzkolbenpumpe verbindet, durch die Zwischenwand hindurch gelegt.

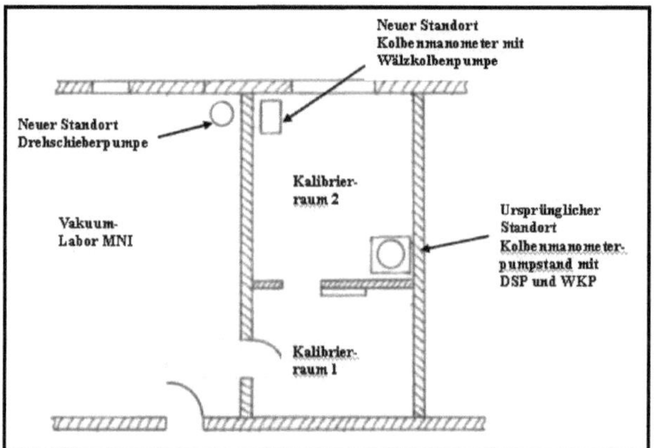

Bild 34: Standortskizze Pumpstand

Das Kolbenmanometer mit den zugehörigen Steuerungsgeräten wurde auf einem neuen Gestell montiert und an einem anderen Standort im Messraum aufgestellt. Der Wärmeeinfluss der Drehschieberpumpe auf das Kolbenmanometer konnte minimiert werden, indem die Pumpe unterhalb der Tischplatte befestigt und somit das Kolbenmanometer von der Pumpe isoliert wurde.

Diese Umbaumaßnamen sind auf den folgenden Bildern abgebildet.

Bild 35: Kolbenmanometer in neuem Gestell / Rückseite

Bild 36: Kolbenmanometer mit Steuergeräten in neuem Gestell / Frontseite

Der Saugschlauch der Drehschieberpumpe wurde senkrecht durch ein Loch in der Tischplatte zum darüber liegenden Kolbenmanometer geführt.
Die beiden Vakuumpumpen wiederum wurden mit einem Saugschlauch durch die Wand hindurch miteinander verbunden.

Bild 37: Neuer Standort der WKP mit Schlauchdurchführung durch die Wand

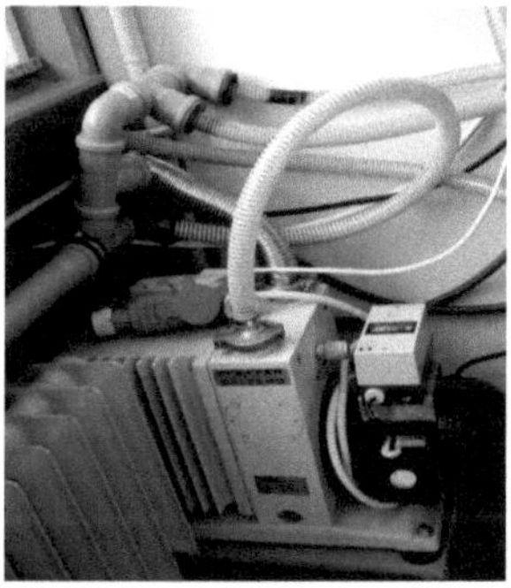

Bild 38: Neuer Standort der DSP mit Schlauchdurchführung durch die Wand

6. Zusammenfassung

Das Gesamtergebnis der Verbesserung, resultierend aus den konstruktiven Veränderungen und der Nachbearbeitung der Ringfläche der Vakuumglocke sowie des Umbaus des Pumpstandes, ist auf folgendem Diagramm zu sehen.

Hier wird ersichtlich, dass in jedem Bereich des Auspumpvorgangs unterhalb einer Minute Auspumpzeit eine Verbesserung zwischen Faktor 2 und Faktor 1,75 erreicht werden konnte.

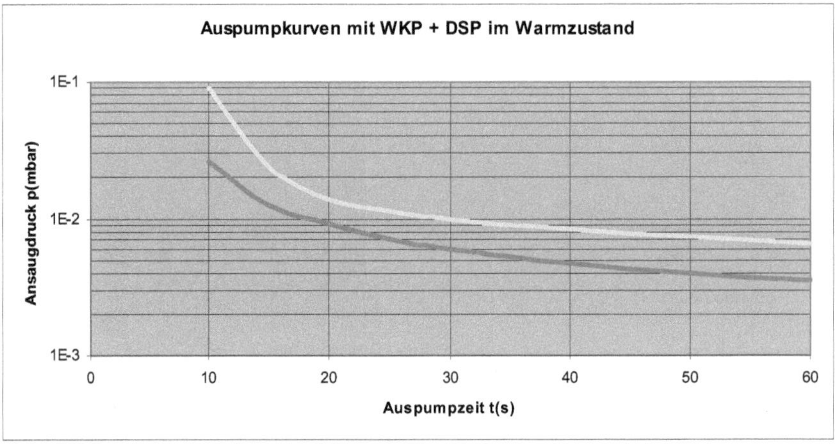

Diagramm 13: Gesamtverbesserung des Auspumpvorgangs

7. Ausblick

Durch die bisherigen Verbesserungen konnten schon recht gute Werte für das Auspumpen der Vakuumglocke erreicht werden.

Aber es gibt sicher noch ausreichend Möglichkeiten, die Zykluszeiten zu verkürzen.
Der Hersteller des Kolbenmanometers hat wohl in vielerlei Hinsicht die vakuumtechnisch zu beachtenden Richtlinien und Konstruktionshinweise nicht ausreichend beachtet.
Zu nennen wären da z.B.

- die Verrohrung der Anbaugeräte am Kolbenmanometer,
- der Dichtungssitz der Vakuumglocke,
- oder das Verändern der Geometrie der Vakuumglocke.

Ebenso muss sich die Anlage in ihrem jetzigen Aufbau noch auf längere Sicht im regelmäßigen Kalibrierbetrieb bewähren.

Anhang

1. Literaturverzeichnis

[01] [03] [12] [16] Karl Jousten (Hrsg.), Wutz, Handbuch der Vakuumtechnik, Vieweg Verlag, 8. Auflage (2004)

[02] [08] W. Pupp, H. K. Hartmann, Vakuumtechnik, München; Wien; Carl Hanser Verlag, (1991)

[04] [05] [07] Chr. Edelmann, Vakuumphysik, Heidelberg; Berlin; Oxford; Spektrum Akademischer Verlag (1998)

[06] Einführung in die Grob- und Feinvakuumerzeugung, Pfeiffer Vakuum

[09] Wolfgang Jitschin, Kolbenmanometer, Vakuum in Forschung und Praxis, Wiley-VCH (2000)

[10] Homepage MKS Instruments

[11] Homepage Unit. Instruments Inc.

[13] [14] [15] Vakuumtechnik im System, Vaccubrand, (2005/06)

2. Abbildungsverzeichnis

Bild 1 – Kolbenmanometer – Messtand..1
Bild 2 – Kolbenmanometer – Pumpstan..1
Bild 3 – Modell zur Sorption..5
Bild 4 – Schema der Permeation..6
Bild 5 – Funktionsschema einer Wälzkolbenpumpe..8
Bild 6 – Funktionsprinzip einer Drehschieberpumpe..9
Bild 7 – Diagramm Unterteilung Vakuumbereiche..10
Bild 8 – Arbeitsbereiche gebräuchlicher Messgerätevarianten..11
Bild 9 – Kolbenmanometer Modell 6100..13
Bild 10 – Skizze Aufbau Kolbenmanometer..13
Bild 11 – Drehschieberpumpe..15
Bild 12 – Wälzkolbenpumpe..15
Bild 13 – Skizze Pumpsystem..15
Bild 14 – Messgerät Modell 626 A von MKS..16
Bild 15 – Versuchsaufbau mit Messgerät von MKS und Drehschieberpumpe...16
Bild 16 – Durchflussmessgerät von Unit. Instruments Inc..17
Bild 17 – Messung zur Ermittlung des Gasstromes..17
Bild 18 – Einfachmessdom zur Messung des Saugvermögens..18
Bild 19 – Einfachmessdom zur Messung des Saugvermögens..18
Bild 20 – Verrohrung des Kolbenmanometers..18
Bild 21 – Kleinflanschverbindung mit Spannring..19
Bild 22 – Spannring mit Flügelmutter..19
Bild 23 – Metallschlauch mit Kleinflansch..19
Bild 24 – Versuchsaufbau Saugvermögen..23
Bild 25 – Skizze Versuchsaufbau Saugvermögen..23
Bild 26 – Leitwertdiagramm..24
Bild 27 – Elektromotor..27

Bild 28 – Gehäuse mit O-Ring..........27
Bild 29 – Grundplatte mit Gehäuse..........27
Bild 30 – Neuer Motorsitz mit Wellendurchführung..........29
Bild 31 – Drehteil für Motorsitz..........29
Bild 32 – Drehteil mit O-Ring und Wellenverlängerung..........29
Bild 33 – WKP und DSP mit Ventil..........32
Bild 34 – Standortskizze Pumpstand..........33
Bild 35 – Kolbenmanometer in neuem Gestell / Rückseite..........34
Bild 36 – Kolbenmanometer mit Steuergeräten in neuem Gestell / Frontseite...34
Bild 37 – Neuer Standort der WKP mit Schlauchdurchführung..........34
Bild 38 – Neuer Standort der DSP mit Schlauchdurchführung..........34

3. Diagrammverzeichnis

Diagramm 1 – Auspumpkurve Messbereich ab 1000 mbar........................20
Diagramm 2 – Auspumpkurve WKP+DSP und DSP..............................20
Diagramm 3 – Auspumpkurve Vergleich Warmzustand und Kaltzustand......21
Diagramm 4 – Vergleich der Saugvermögen......................................22
Diagramm 5 – Vergleich der Wellschläuche.......................................25
Diagramm 6 – Vergleich Messdom und Vakuumglocke...........................26
Diagramm 7 – Vergleich zur 1. konstruktiven Änderung..........................28
Diagramm 8 – Vergleich zum Elektromotor...28
Diagramm 9 – Vergleich zur 2. konstruktiven Änderung...........................30
Diagramm 10 – Vergleich Abfräsen und Abdrehen der Ringfläche..............31
Diagramm 11 – Vergleich zum Permanentlauf der DSP............................31
Diagramm 12 – Vergleich Verrohrung..33
Diagramm 13 – Gesamtverbesserung des Auspumpvorgangs.....................35

4. Werkstattskizze Abdichtung des Elektromotorgehäuses

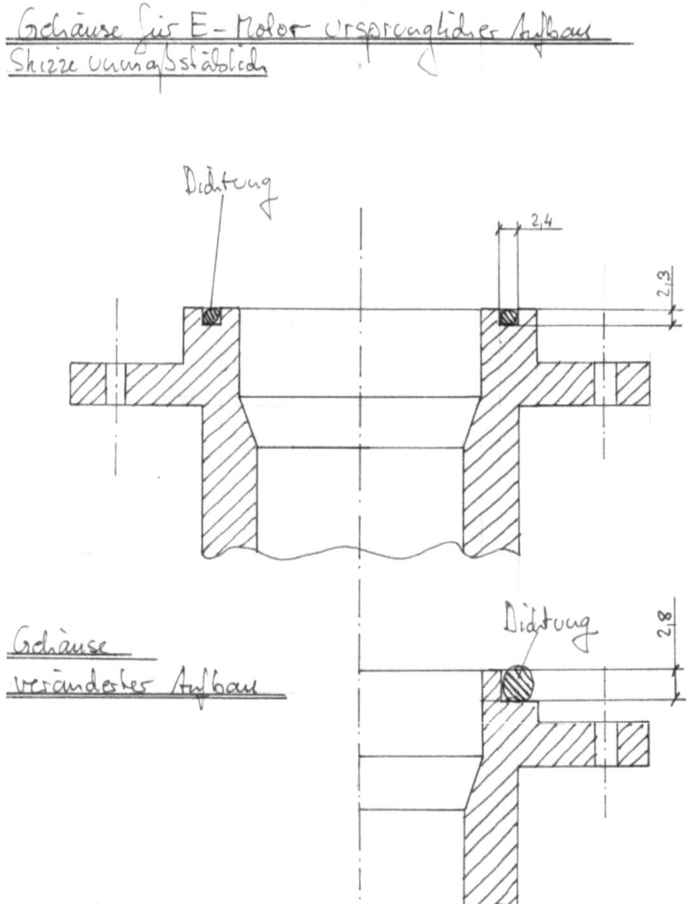

5. Werkstattskizze Verlegung des Elektromotors

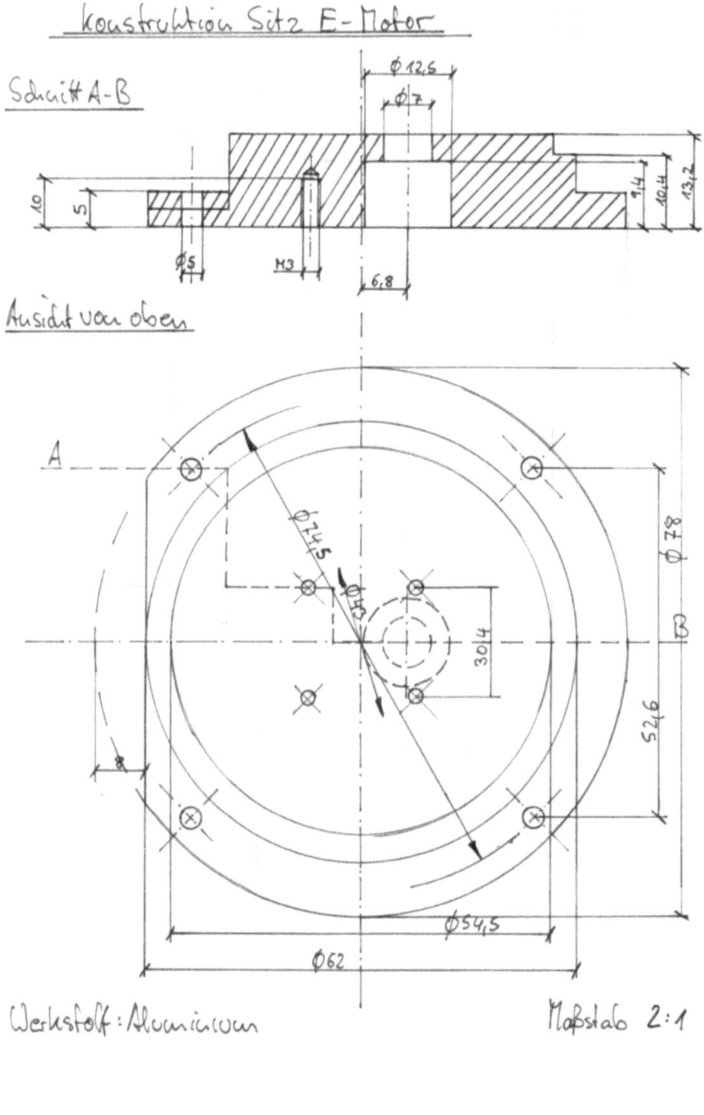

6. Messprogramm Auspumpkurven und Saugvermögen

```
10 '
20 'mess1ch.bas       Messen mit Keithley, 1 Eingang
30 ' AUFRUF DURCH    CD KEITHLEY, GWBASIC, LOAD "mess1ch
40 'screen 0 ist Standard fr Bildschirm (Taste F10)
50 KEY OFF: SCREEN 2
60 OPEN "com2:9600,n,8,1,rs,cs0,ds0,cd0,lf" AS #1
70 FINAME$="D"+MID$(TIME$,1,2)+"_"+MID$(TIME$,4,2)+".DAT"
80 PRINT FINAME$
90 OPEN FINAME$ FOR OUTPUT AS #2
100 '
110 PRINT #1,"*RST;*CLS"                          'initialisierung
120 PRINT #1,":INIT:CONT OFF;:ABORT"              'init off
130 PRINT #1,":SYST:AZER:STAT OFF"                'Autozero off fr Schnelle
140 PRINT #1,":SENS:FUNC 'VOLT:DC'"               'DCV
150 PRINT #1,":SENS:VOLT:DC:NPLC  4"              'Meázeit maximal 10
160 PRINT #1,":SENS:VOLT:DC:RANG 10"              '10 V Bereich
170 PRINT #1,":SENS:VOLT:DC:DIG 7"                '6,5 Stellen
180 PRINT #1,":SENS:VOLT:DC:AVER:TCON MOV"        'Filter moving
190 PRINT #1,":SENS:VOLT:DC:AVER:COUN 1"          'Filter Einzelpunktzahl
200 PRINT #1,":SENS:VOLT:DC:AVER:STAT ON"         'Filter einschalten
210 '
220 DT = .2  ' Zeitintervall
230 T0=TIMER: ZT=0
240 IF ZT > (TIMER-T0) THEN GOTO 240
250 PRINT #1,":READ?": LINE INPUT #1, RD$: DA=2000*VAL(RD$)
260 ZT = ZT + DT
270 '
280 PRINT USING "####.#"; ZT;: PRINT USING "#####.##";DA
290 PRINT #2,ZT,DA
300 '
310 GOTO 240
320 '
```

7. Übersicht über die Bauformen der Vakuumpumpen

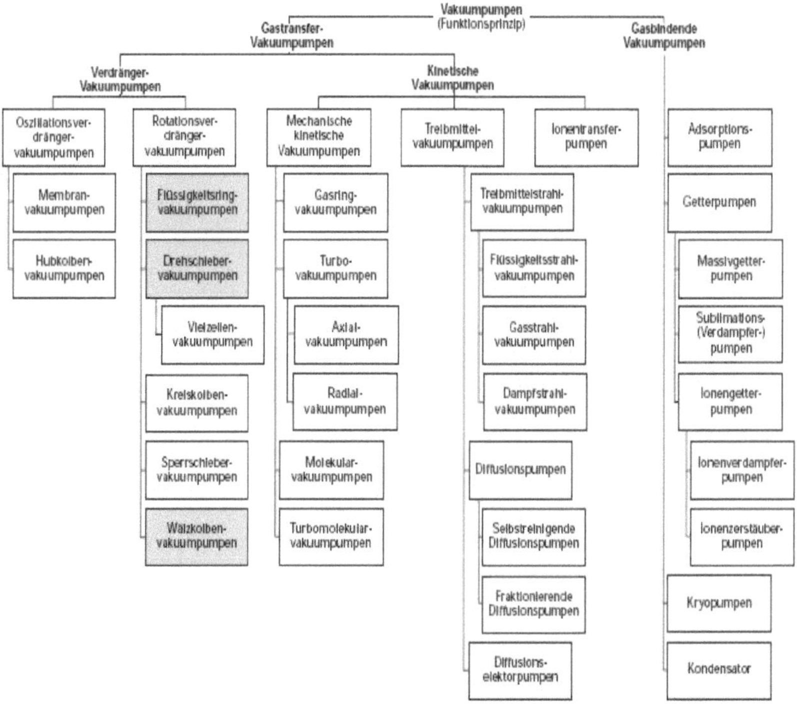

8. Diagramme Gasabgabestromdichte und Permeationskonstanten

Diagramm 1:
Gasabgabestromdichte

Ungefähre Werte der Gasabgabestromdichten einiger Materialien

Material	j_{GA} / Pa · m · s^{-1} nach einigen Stunden Pumpen	j_{GA} / Pa · m · s^{-1} nach 24 h Pumpen
Metalle	10^{-6} ... 10^{-5}	10^{-12} ... 10^{-11}
Keramik	10^{-6} ... 10^{-5}	10^{-12} ... 10^{-11}
Glas	10^{-6} ... 10^{-5}	10^{-12} ... 10^{-11}
Teflon	10^{-5} ... 10^{-4}	–
Viton	$\approx 10^{-4}$	10^{-9}
Araldit (Kunstharz)	$\approx 10^{-4}$	10^{-7}
Nylon	$3 \cdot 10^{-5}$	$5 \cdot 10^{-8}$

Diagramm 2:
Permeationskonstanten

Permeationskonstanten

Werkstoff	Permeationskonstanten k_{perm} bei 20 °C, $[k_{perm}] = \frac{m^2}{s}$					
	CO_2	H_2	He	O_2	N_2	Ar
Viton A	$6 \cdot 10^{-12}$	$3{,}5 \cdot 10^{-12}$	$7{,}5 \cdot 10^{-12}$	–	–	–
Perbunan	–	$7{,}5 \cdot 10^{-12}$	$7{,}5 \cdot 10^{-12}$	$6 \cdot 10^{-13}$	–	$1{,}3 \cdot 10^{-12}$
Neopren	$2 \cdot 10^{-11}$	$7{,}5 \cdot 10^{-12}$	$7{,}2 \cdot 10^{-12}$	$1{,}4 \cdot 10^{-12}$	$1{,}9 \cdot 10^{-13}$	$1{,}2 \cdot 10^{-12}$
PTFE	$1{,}2 \cdot 10^{-13}$	$1{,}8 \cdot 10^{-11}$	$5{,}3 \cdot 10^{-10}$	$7{,}5 \cdot 10^{-12}$	$2 \cdot 10^{-12}$	$4{,}4 \cdot 10^{-12}$
Gummi	$7 \cdot 10^{-11}$	$3{,}4 \cdot 10^{-11}$	$2{,}2 \cdot 10^{-11}$	$2 \cdot 10^{-11}$	$5{,}3 \cdot 10^{-12}$	$1{,}5 \cdot 10^{-11}$
Vespel (Polyamide)	$2 \cdot 10^{-13}$	–	$1{,}9 \cdot 10^{-12}$	$1 \cdot 10^{-13}$	$3 \cdot 10^{-14}$	–
Silicon	$25 \cdot 10^{-10}$	$9{,}5 \cdot 10^{-10}$	$2{,}9 \cdot 10^{-10}$	$5 \cdot 10^{-10}$	$2{,}7 \cdot 10^{-10}$	$5{,}3 \cdot 10^{-10}$